让自己快乐才是正经事

有脑子和挺高兴 著

人民邮电出版社
北京

图书在版编目（CIP）数据

让自己快乐才是正经事 / 有脑子和挺高兴著.
北京 : 人民邮电出版社, 2025. -- ISBN 978-7-115
-66270-5

Ⅰ. B848.4-49

中国国家版本馆 CIP 数据核字第 2025UV1928 号

内 容 提 要

　　这是一本可爱、有创意的多功能图书，可读、可写、可撕、可贴。作者从独特的视角出发，用可爱的插画反映当下年轻人的生活状态，以简洁的线条、夸张且略带抽象的方式刻画生活中观察到的人和事物。插画充满童趣，可爱感十足；画面色彩轻松明快，可以帮你充分释放多巴胺，传递给你快乐的力量！

　　本书集艺术性与实用性于一体，创意十足，插画可爱，文案有趣。翻开它，你收获的不仅仅是一本书，更是一种快乐的生活态度和一种不内卷的松弛人生！

◆ 著　　　　　有脑子和挺高兴
　　责任编辑　闫　妍
　　责任印制　周昇亮
◆ 人民邮电出版社出版发行　　北京市丰台区成寿寺路 11 号
　　邮编　100164　电子邮件　315@ptpress.com.cn
　　网址　https://www.ptpress.com.cn
　　北京九天鸿程印刷有限责任公司印刷
◆ 开本：880×1230　1/64
　　印张：3　　　　　　　　　2025 年 4 月第 1 版
　　字数：80 千字　　　　　　2025 年 7 月北京第 3 次印刷

定价：49.80 元

读者服务热线：(010)81055296　印装质量热线：(010)81055316
反盗版热线：(010)81055315

前言

你好！我们是有脑子和挺高兴。

在2011年的夏天,我们有缘成为高中同学之后相互陪伴,共同成长,如今是彼此最好的朋友与最默契的搭档。

2020年10月,我们开始以组合插画师的身份,更新代表作品"今天Ta长什么样"系列插画,每一期用4幅图画出身边的Ta的可爱。这一系列插画的灵感来源于我们日常生活中遇到的人和事物,我们希望可以从不同的角度来解读和表现Ta特别的一面,并通过轻松的线条和丰富的色彩绘制出来,让Ta变得更有趣。

起初,我们只是想记录一下自己的奇怪脑洞,没想到获得了越来越多的关注,逐渐拥有了很多志趣相投的粉丝朋友。真的非常感谢大家温暖又有力量的支持,让我们有了持续更新下去的动力,并且达成了"坚持日更1000天"的成就。我们通过画画记录自己的脑洞已经成为习惯,也变得更加关注自身的快乐，更加关注一切平凡而微小的美好。

　　这本书是我们的第一本插画作品集，我们从这几年积累的数千幅插画作品中，精心挑选了90多幅，并配以创意文字，将其集结成这本可爱的小书。我们希望这本书不仅仅是简单的插画集合，更能成为大家生活中的好伙伴，兼具阅读的趣味性和实用的功能性。于是，在设计这本书的时候，我们花费了诸多心思，将它打造成了一种可读、可写、可撕、可贴的独特形式。

　　真心希望大家可以透过我们的视角和脑洞，感受到自身或生活的可爱之处，从心出发，获取一种"保持快乐，充满童趣"的生活态度，找到温暖治愈的力量，好好爱自己、爱生活！

有脑子和挺高兴

目录

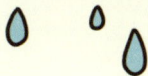

01 快乐能量补给站

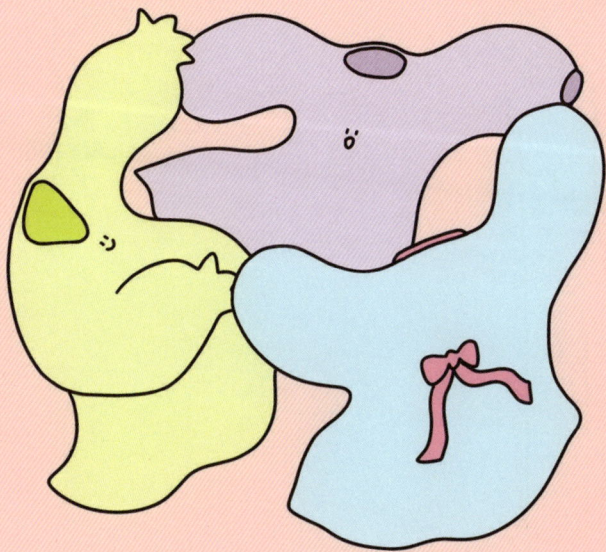

"衣"起开心，"衣"起跳舞

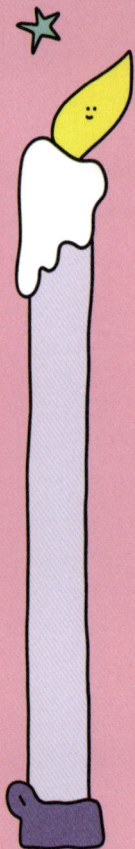

麻酱打麻将

"蘸"起来，一起"發"

放松的每一秒都弥足珍贵

工作顺利，下班快乐

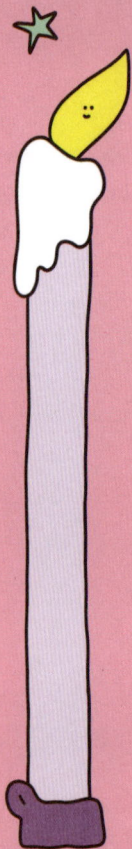

欢迎来到我的快乐花园

开心到爆炸！

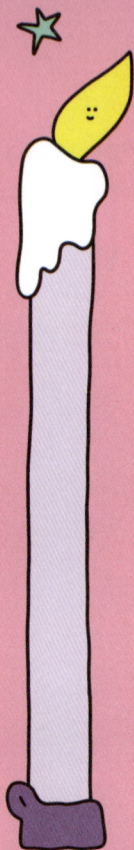

可以放屁，绝不放"气"

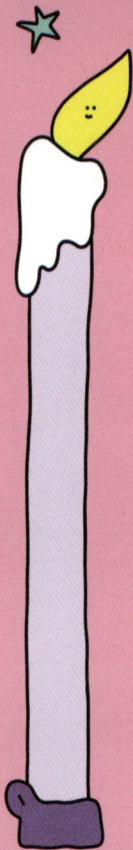

在一起就好棒呀！

一起运动，一起拿铁

偶尔也想出逃，放松一下

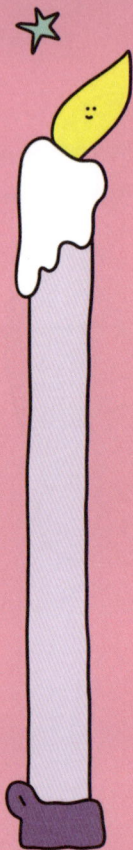

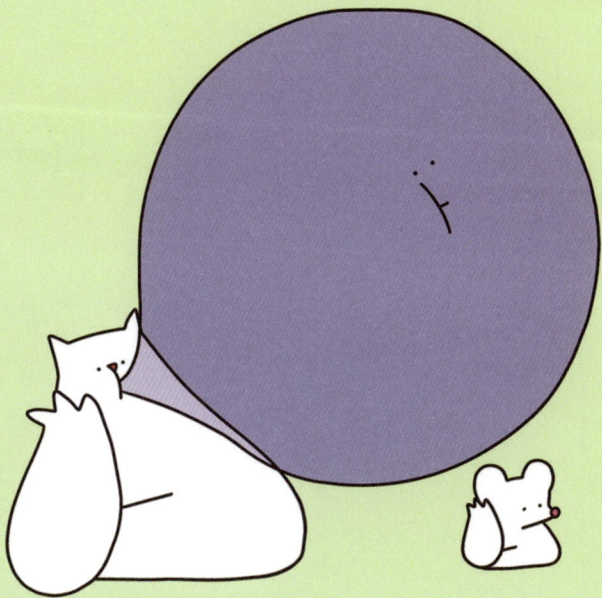

泡泡吹啊吹，烦恼飞啊飞

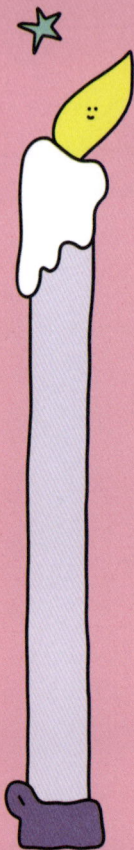

甜品可以治愈一切

迪斯科响起，烦恼全消失

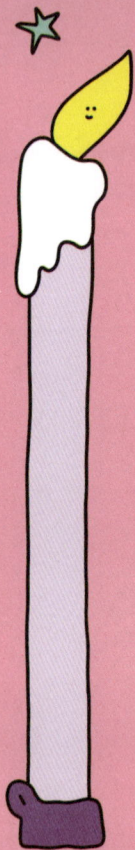

一步、两步，一起进步

我是100分小孩

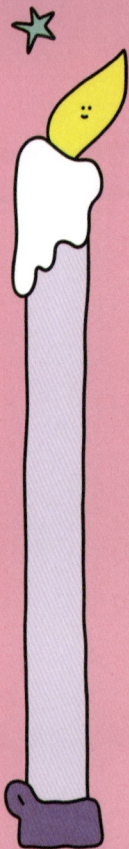

躺在音乐的世界，放松自己

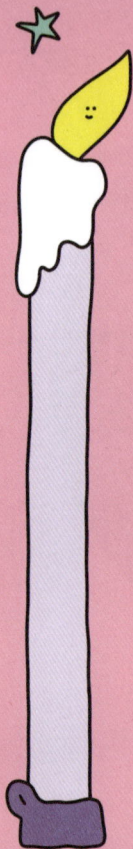

你最美

我是世界上最美的女孩

我就喜欢"虾"开心

今天的你，双倍幸运

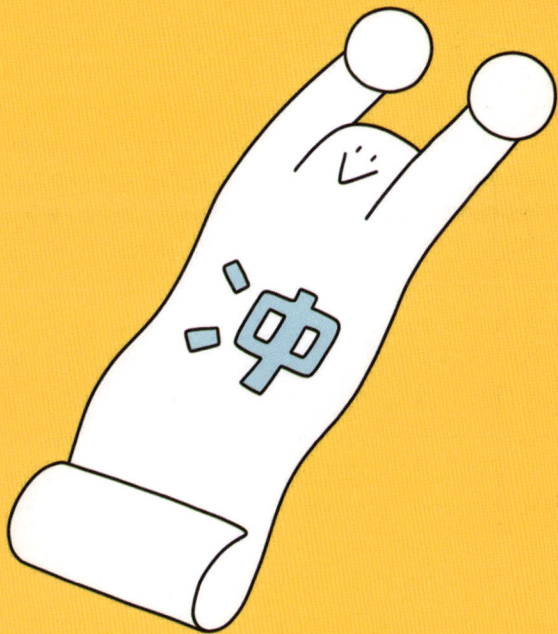

想说的话，都写在纸条里啦

入口

出口

一只耳朵进，一只耳朵出，
也是一种快乐的能力

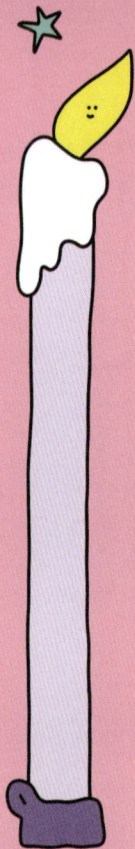

坐下来静静地享受钓鱼时光

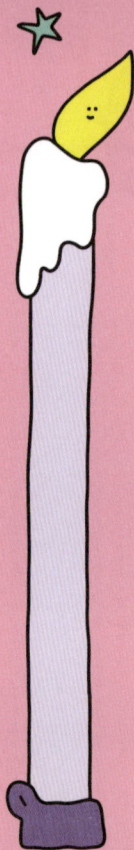

02 咦？其实我们都很怪

邮电

比肩而立，成为更好的我们

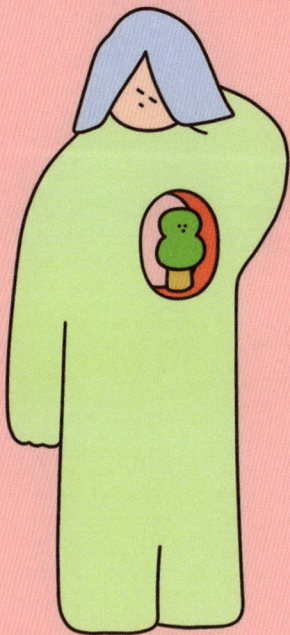

又是心里有"树"的一天

天"屎"降临，必有好运

小狗起飞，宇宙无敌

保持距离，快乐无边

敲敲敲！"敲"可爱

偶尔可以吃吃醋哦

做一个悠闲的空中飞人

穿上高领衫，会变高冷吗？

开心藏不住

睡好觉才有力气"抓"粉

饿

听从肚子的声音，吃！

在寻找自我的路上，处处都是风景

遛与被遛的一天

想做一株绿植，
缓慢地呼吸，安静地思考

宇宙很大，换个角度看一看

好一朵美丽的茉莉花

对不起，是我冒"饭"了

没关系，我也搞不懂自己

大家都是"橘"外人

听八卦的快乐谁懂？

03 超有效的情绪创口贴

在你伤心的时候，为你撑一把伞

每一次拥抱，
都让我的温度超标

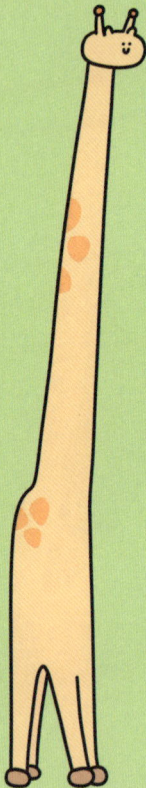

不开心的时候，
一起吹吹风吧

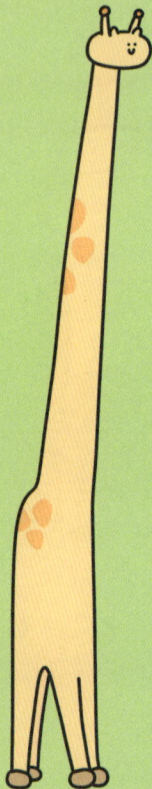

即使你满身是刺，也会有人爱你

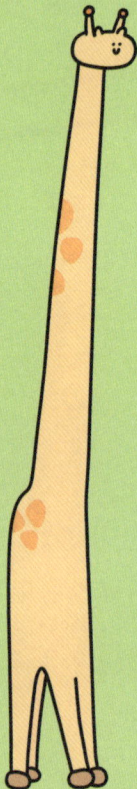

撤回不开心，重启快乐！

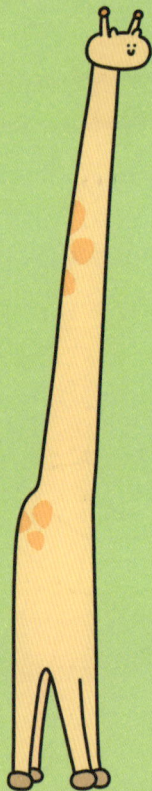

回忆是心底的森林

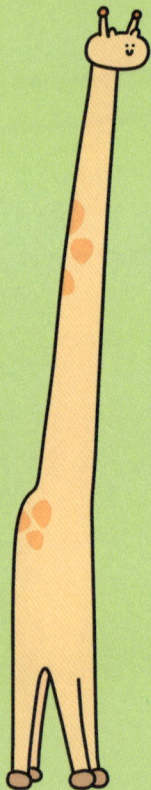

心情

蛮不错

日记本是我内心的小小反光镜

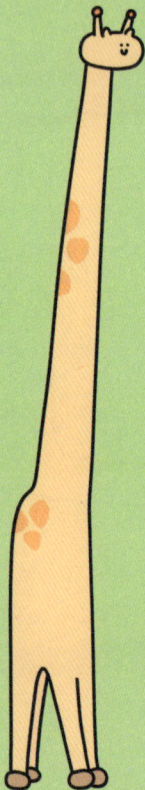

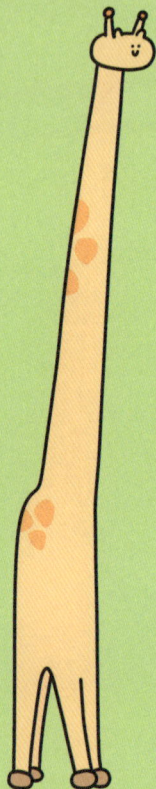

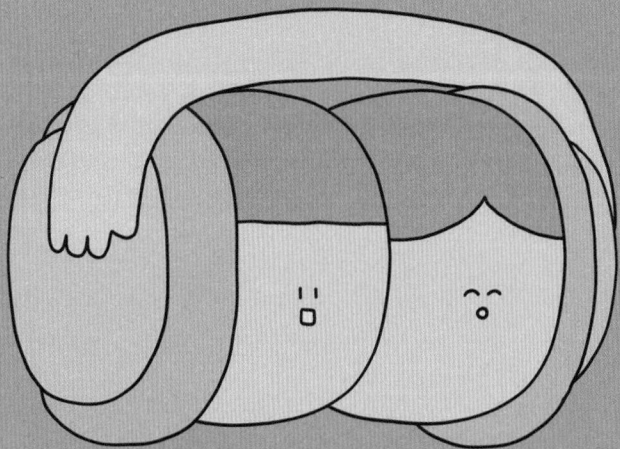

陪你用一个耳机，听你悄悄说秘密

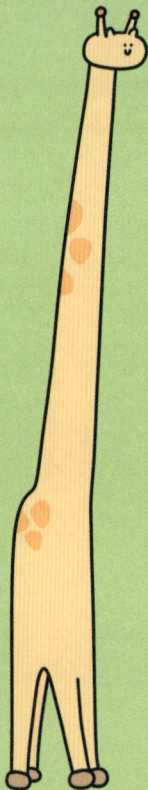

睡一觉，烦恼全消

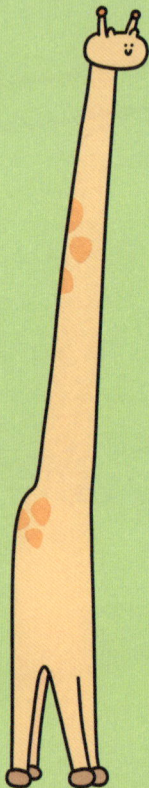

我的身体是浪漫的聚集地

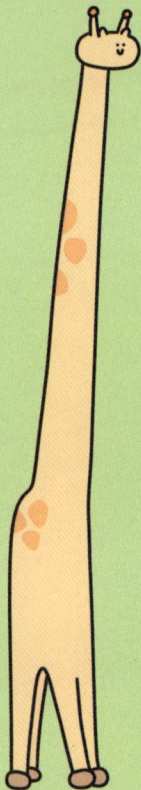

人生如海，旷野无边

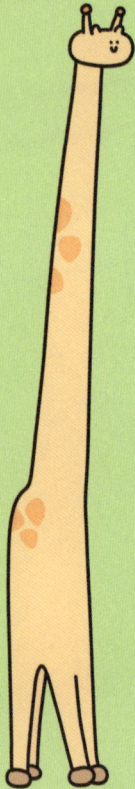

一起去海边散散步吧

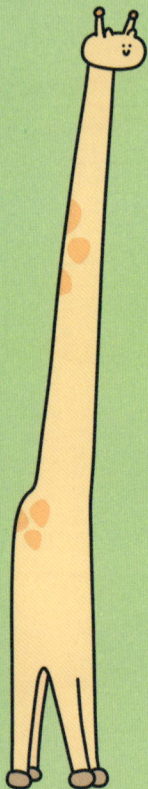

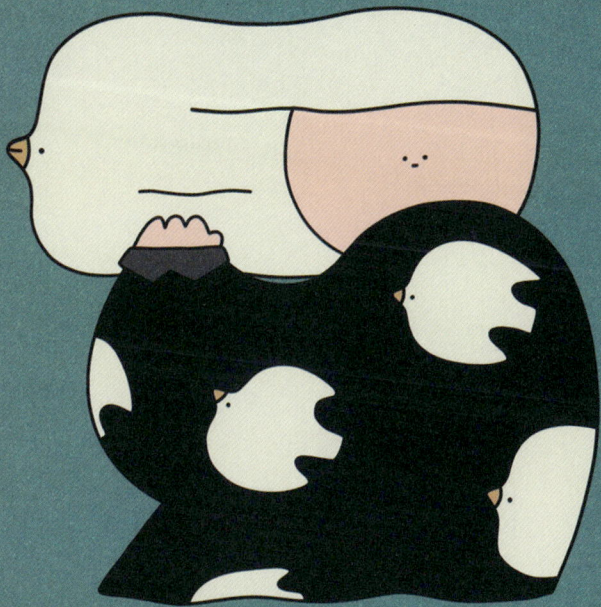

去有风的地方

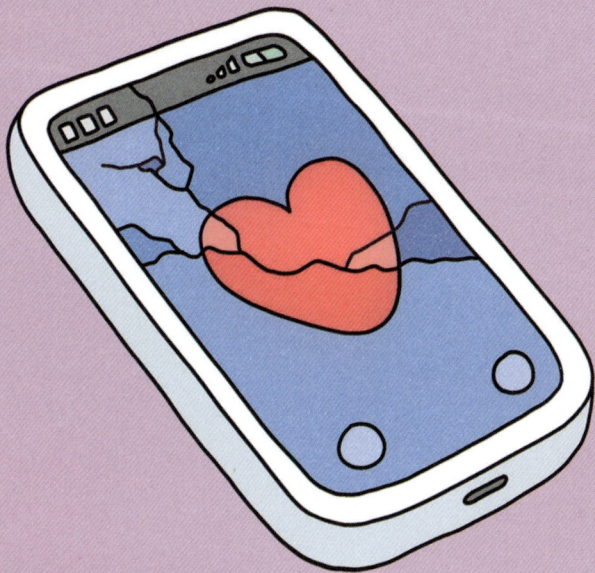

旧手机里藏着旧情绪

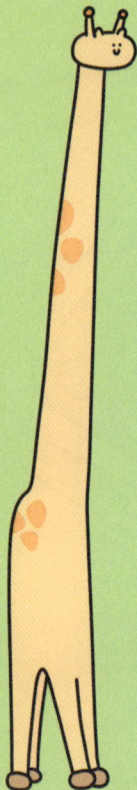

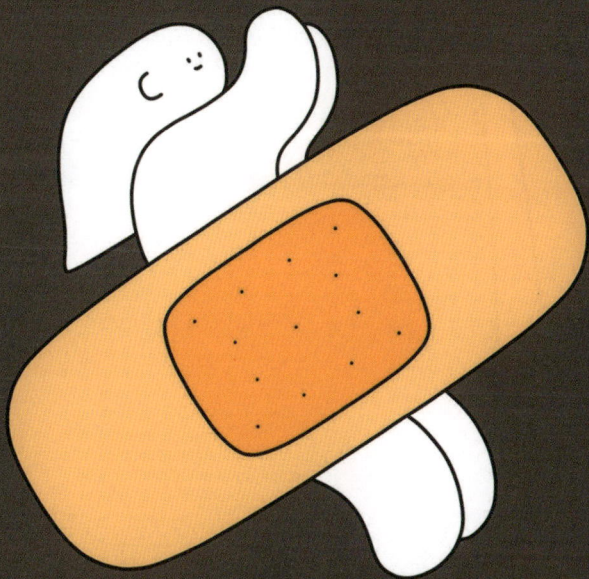

我可以治愈我自己

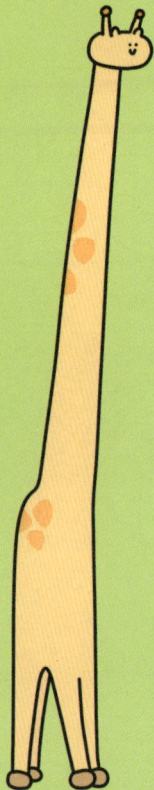

打开心门，透透气吧

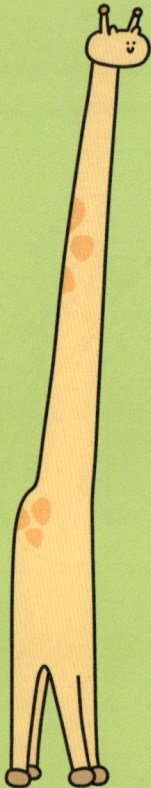

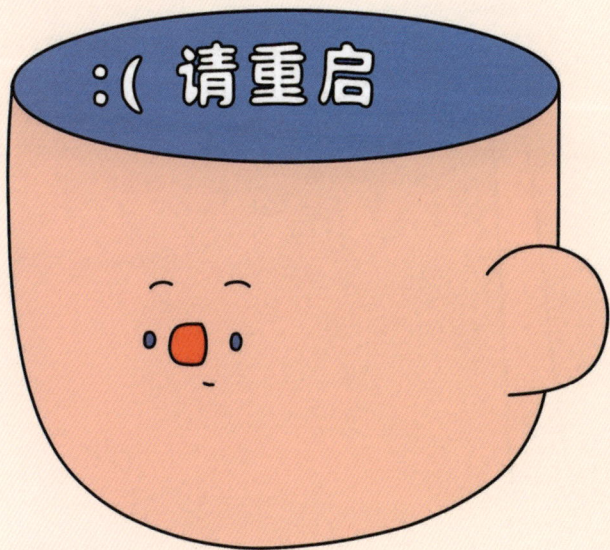

是时候放空自己了

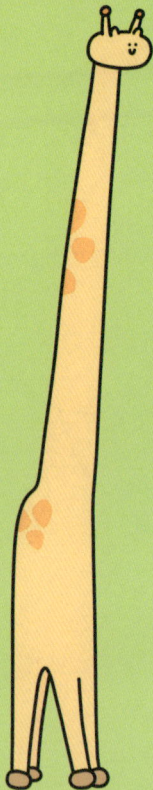

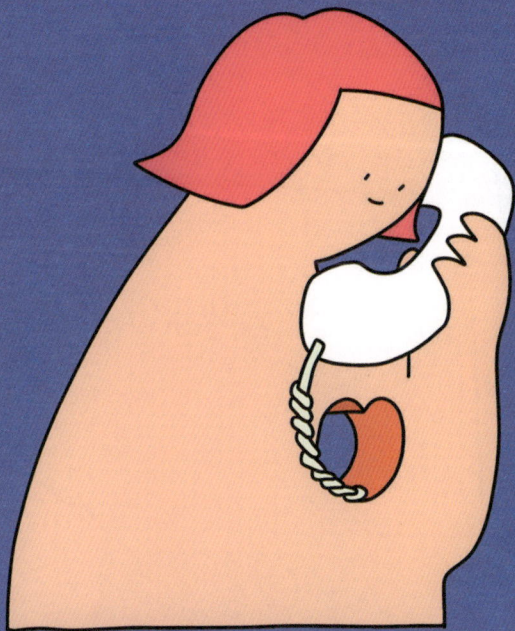

听一听自己的心里话

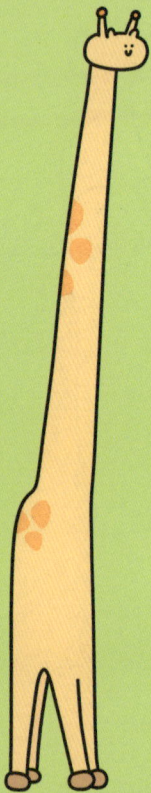

打破边界，去看全新的世界

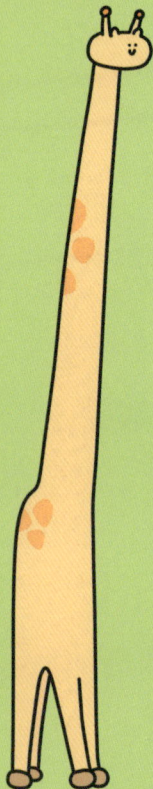

愿你被世界温柔以待

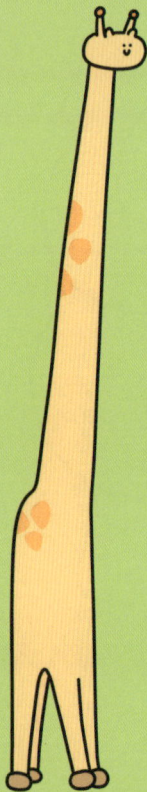

摸摸你聪明的小脑瓜

累了就躺下，与大地长在一起

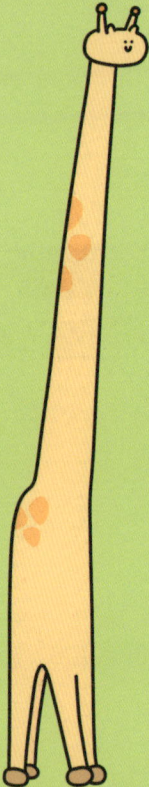

04 幸福就藏在生活的褶皱里

每天好好吃饭，生活无比灿烂

成群的绵羊，闪烁着自由的光芒

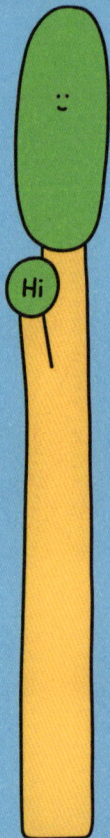

我们是最佳拍档

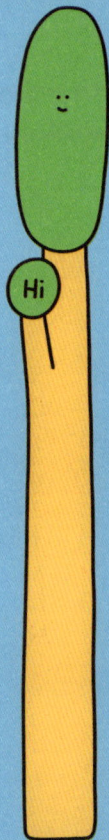

看！你的影子里有星星！

春寒料峭时，读一首发芽的新诗

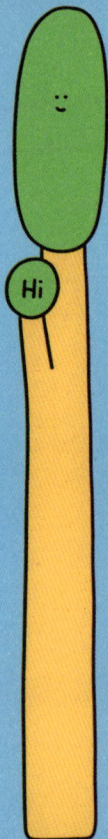

今日份小美好

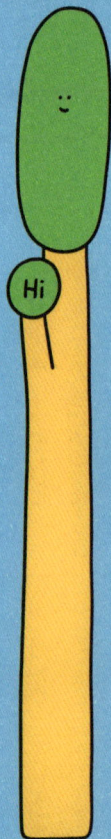

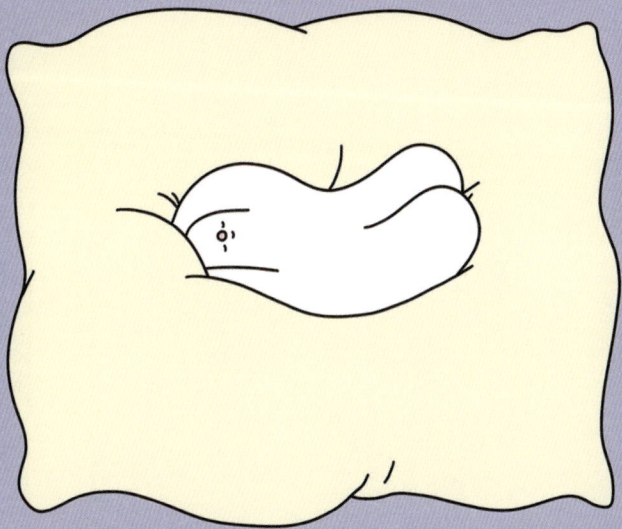

被枕头拥抱，感觉很妙

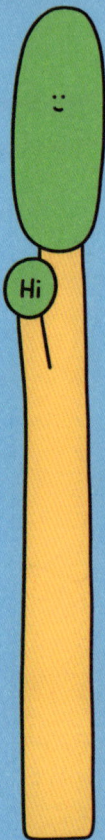

日落中转身，把余晖装进心底

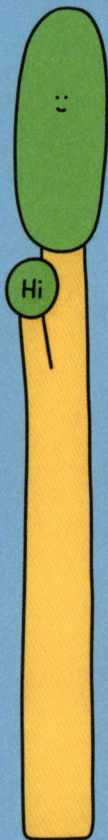

期待与你在一起的下一个秋天

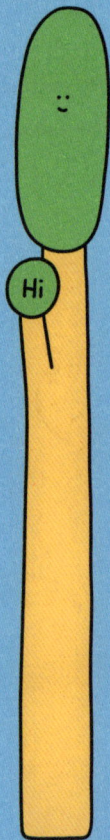

想要的不多，阳光和长椅足矣

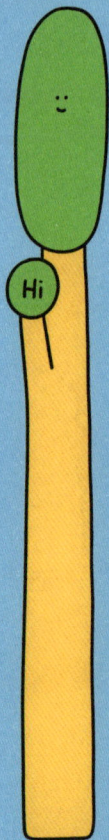

平凡的日子里，等待好事发生

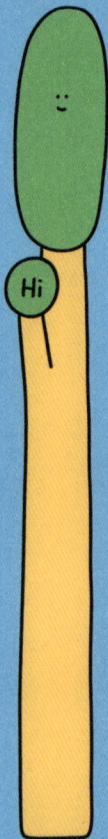

想陪你一起到未来

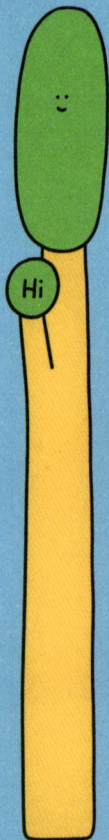

今晚的天空真美

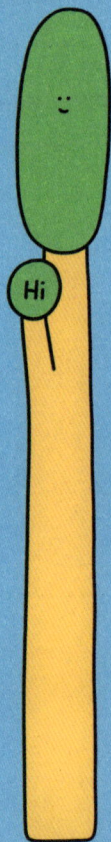

小花随时盛开，可爱无处不在

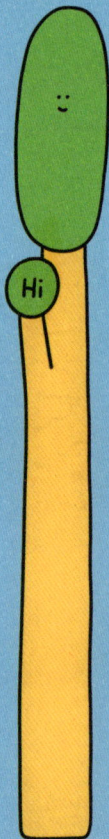

你是我最棒的人生搭子

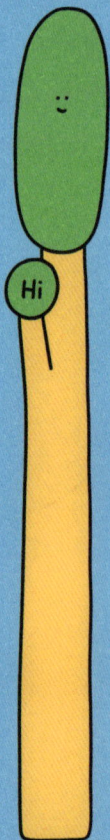

孤独的时光有我陪伴

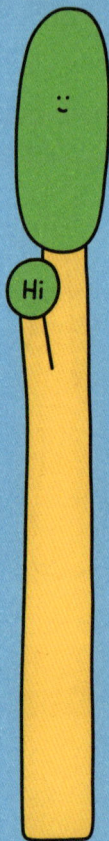

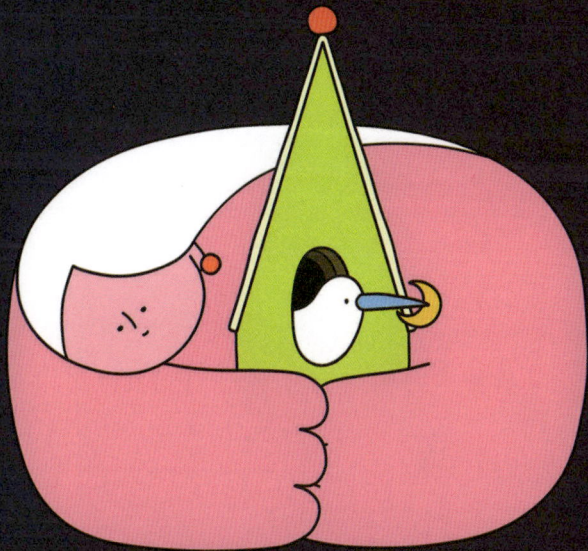

房子很小，但可以装下我的全部幸福

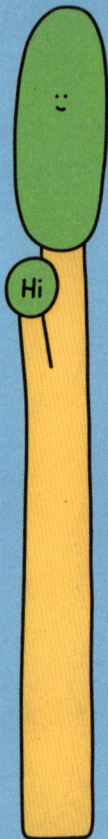

烤土豆、烤红薯、烤玉米，
向您问好！

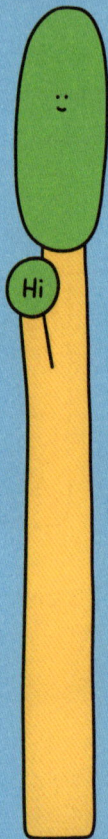

找到你的时候，幸福也出现了

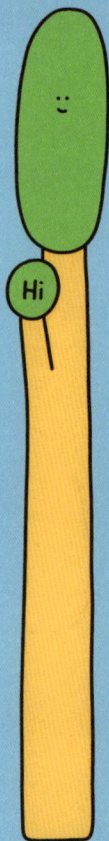

没有逛街解决不了的事

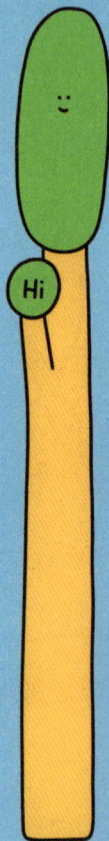

同频的人就像礼物

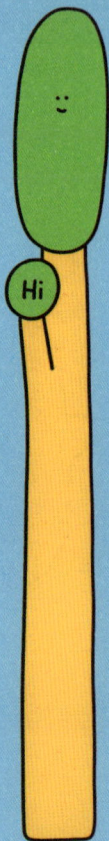

每天都想和你贴贴

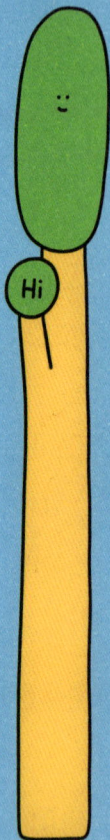

要一直保持微笑呀